U0241608

总体国家安全观普及丛书

GUOJIA HE ANQUAN ZHISHI BAIWEN

国家核安全知识

本书编写组

人民出版社

前　言

习近平总书记提出的总体国家安全观立意高远、思想深刻、内涵丰富，既见之于习近平总书记关于国家安全的一系列重要论述，也体现在党的十八大以来国家安全领域的具体实践。总体国家安全观所指的国家安全涉及领域十分宽广，集政治、国土、军事、经济等多个领域安全于一体，但又不限于此，会随着时代变化而不断发展，是一种名副其实的"大安全"。为推动学习贯彻总体国家安全观走深走实，引导广大公民增强国家安全意识，在第六个全民国家安全教育日到来之际，中央有关部门组织编写了首批重点领域国家安全普及读本，其中涵盖科技安全、核安全、生物安全等3个领域。

首批国家安全普及读本参照《国家安全知识百问》样式，采取知识普及与重点讲解相结合的形式，内容准确权威、简明扼要、务实管用。读本始终聚焦总体国家安全观，准确把握党中央最新精神，全面反映国家安全形势新变化，紧贴重点领域国家安全工作实际，并兼顾实用性与可读性，配插了图片、图示和视频二维码，对于普及总体国家安全观教育和提高公民"大安全"意识，很有帮助。

总体国家安全观普及读本编委会

2021 年 2 月

C目录
ONTENTS

篇 二

★ 持续保持高水平的核安全 ★

───── 篇　三 ─────

★ 营造维护核安全的良好氛围 ★

篇一
全面深入理解核安全观

　　加强核安全是一个持续进程。核能事业发展不停步，加强核安全的努力就不能停止。

　　我们要坚持理性、协调、并进的核安全观，把核安全进程纳入健康持续发展的轨道。

　　——习近平2014年3月24日在荷兰海牙核安全峰会上的讲话

核安全概念知多少？

核安全法规定，核安全是指对核设施、核材料及相关放射性废物采取充分的预防、保护、缓解和监管等安全措施，防止由于技术原因、人为原因或者自然灾害造成核事故，最大限度减轻核事故情况下的放射性后果。

国家安全法第三十一条规定，我国坚持和平利用核能和核技术，加强国际合作，防止核扩散，完善防扩散机制，加强对核设施、核材料、核活动和核废料处置的安全管理、监管和保护，加强核事故应急体系和应急能力建设，防止、控制和消除核事故对公民生命健康和生态环境的危害，不断增强有效应对和防范核威胁、核攻击的能力。

《中华人民共和国国家安全法》公布

《中华人民共和国核安全法》公布

 如何理解核安全观？

  2014 年 3 月 24 日，在荷兰海牙核安全峰会上，习近平主席提出要坚持理性、协调、并进的核安全观。核安全观是习近平新时代中国特色社会主义思想在核安全领域的集中体现，是总体国家安全观的重要组成部分，是核安全治理的重大理论创新，是推进国际核安全进程的重要里程碑，为解决全球核安全治理的根本性问题，构建核安全命运共同体指明了原则、方法和路径。

习近平出席荷兰海牙核安全峰会并发表重要讲话

❯ 延伸阅读　总体国家安全观核心要义

　　总体国家安全观是一个内容丰富、开放包容、不断发展的思想体系，其核心要义可以概括为五大要素和五对关系。五大要素是以人民安全为宗旨，以政治安全为根本，以经济安全为基础，以军事、科技、文化、社会安全为保障，以促进国际安全为依托。五对关系是既重视发展问题，又重视安全问题；既重视外部安全，又重视内部安全；既重视国土安全，又重视国民安全；既重视传统安全，又重视非传统安全；既重视自身安全，又重视共同安全。厘清五大要素、把握五对关系，是理解总体国家安全观的关键所在。

❯ 相关知识　核安全峰会

　　核安全峰会是由美国奥巴马政府倡议的核安全领域高级别多边交流机制，旨在凝聚国际社会共识，加强各国在核安全领域的合作。共举办了四次，主题分别为"通过加强国际合作来应对核恐怖主义威胁""加强核材料和核设施安全""加强核安全，防范核恐怖主义""加强国际核安全体系"。

 3　核安全观的核心要义是什么？

《中国的核安全》白皮书指出，全面系统推进核安全进程，是核安全观的核心要义，体现为发展和安全并重、权利和义务并重、自主和协作并重、治标和治本并重。

> ❯ **延伸阅读**　《中国的核安全》白皮书
>
> 2019年9月3日，中国政府首次发表《中国的核安全》白皮书，全面介绍中国核安全事业的发展历程，阐述中国核安全的基本原则和政策主张，分享中国核安全监管的理念和实践，阐明中国推进全球核安全治理进程的决心和行动。

《中国的核安全》白皮书发表

 如何理解发展和安全并重？

发展和安全并重，以确保安全为前提发展核能事业。发展是安全的基础，安全是发展的条件。发展和安全是人类和平利用核能的基本诉求，犹如车之两轮、鸟之双翼，相辅相成、缺一不可。应秉持为发展求安全、以安全促发展的理念，让发展和安全两个目标有机融合、相互促进。只有实现更好发展，才能真正管控安全风险；只有实现安全保障，核能才能持续发展。

> ❯ **重要论述** **统筹发展和安全**
>
> 习近平总书记在党的十九届五中全会上强调，我们越来越深刻地认识到，安全是发展的前提，发展

是安全的保障。当前和今后一个时期是我国各类矛盾和风险易发期，各种可以预见和难以预见的风险因素明显增多。我们必须坚持统筹发展和安全，增强机遇意识和风险意识，树立底线思维，把困难估计得更充分一些，把风险思考得更深入一些，注重堵漏洞、强弱项，下好先手棋、打好主动仗，有效防范化解各类风险挑战，确保社会主义现代化事业顺利推进。

中国共产党第十九届中央委员会第五次全体会议公报（摘播）

> **延伸阅读** "国之光荣"——中国第一座核电厂

1991年12月15日，我国第一座自主设计、自主建造、自主管理的核电厂——秦山核电厂成功并网发电，实现了中国大陆核电"零"的突破，被誉为"国之光荣"。

秦山核电厂鸟瞰图

 如何理解权利和义务并重？

　　权利和义务并重，以尊重各国权益为基础推进国际核安全进程。各国应切实履行核安全国际法律文书规定的义务，全面执行联合国安理会有关决议，巩固和发展现有核安全法律框架。同时，坚持公平原则，秉持务实精神，尊重各国根据本国国情采取适合自身的核安全政策和举措的权利，尊重各国保护核安全敏感信息的权利。

 6 **如何理解自主和协作并重？**

自主和协作并重，以互利共赢为途径寻求普遍核安全。核安全首先是国家课题，首要责任应由各国政府承担。各国政府应知责任、负责任，既对自己负责，也对世界负责，加强协作、共建共享、互利共赢，既从中受益，也作出贡献，努力实现核安全进程全球化。

❯ 延伸阅读 **国际热核聚变实验堆计划**

国际热核聚变实验堆（ITER）计划旨在模拟太阳发光发热的核聚变过程，探索受控核聚变技术商业化可行性。国际热核聚变实验堆俗称"人造太阳"，如该项目取得成功，人类将有望获得用之不竭的能源。2006年，我国政府与欧盟、印度、日本、韩国、

国际热核聚变实验堆计划重大工程启动安装

俄罗斯和美国共同签署了国际热核聚变实验堆计划协定。国际热核聚变实验堆计划工程位于法国南部圣保罗-莱迪朗斯镇，2020 年 7 月 28 日，该工程安装启动仪式在法国举行，习近平主席致贺信。

如何理解治标和治本并重？

　　治标和治本并重，以消除根源为目标全面推进核安全努力。完善核安全政策举措，发展现代化和低风险核能，坚持核材料供需平衡，加强防扩散出口控制，深化打击核恐怖主义国际合作，消除核安全隐患和核扩散风险。各国应团结起来，发展和谐友善的国家关系，共同营造和平稳定的国际环境，从根源上解决核恐怖主义和核扩散问题，实现核能的持久安全和发展。

> **❯ 相关知识**　**什么是核恐怖？**

核恐怖是指恐怖分子通过偷盗、走私、非法贸易等各种手段获得核武器、核材料、放射性物质，或通过破坏、利用核设施，达到危害人体、财产和环境的目的，是一种具有特殊破坏能力的恐怖主义形态。

8　为什么要打造核安全命运共同体？

2016年4月1日，在美国华盛顿核安全峰会上，习近平主席提出，核恐怖主义是全人类的公敌，核安全事件的影响超越国界。在互联互通时代，没有哪个国家能够独自应对，也没有哪个国家可以置身事外。在尊重各国主权的前提下，所有国家都要参与到核安全事务中来，以开放包容的精神，努力打造核安全命运共同体。

习近平出席美国华盛顿核安全峰会并发表重要讲话

9 我国为打造核安全命运共同体提出了什么倡议？

和平开发利用核能是世界各国的共同愿望，确保核安全是世界各国的共同责任。中国倡导构建公平、合作、共赢的国际核安全体系，坚持公平原则，本着务实精神推动国际社会携手共进、精诚合作，共同推进全球核安全治理。

〉延伸阅读 "华龙一号"海外首堆

巴基斯坦卡拉奇核电厂2、3号机组建设项目是继恰希玛核电厂建设项目后，中巴合作的又一个核电项目，也是"华龙一号"在海外首次建设。卡拉奇核电项目是践行"一带一路"倡议，深化中巴全天候战略合作伙伴关系，见证两国人民兄弟情谊的友谊工程。

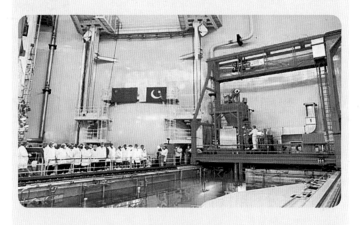

2020年11月28日，"华龙一号"海外首堆巴基斯坦卡拉奇核电厂2号机组装料

如何理解核安全是国家安全的
重要组成部分？

　　我国是和平利用核能国家，也是拥有核武器国家。无论是涉及国家经济安全与能源安全，还是涉及国防安全，核安全都不可或缺。核事故可能会给国家和社会带来灾难性的后果和影响，核恐怖会给世界和平带来极大危害，因此维护核安全事关国家安全、人

构建集多领域安全于一体的国家安全体系

民健康、社会稳定、经济发展和大国地位。

> **重要论述**　中央国家安全委员会第一次会议

2014年4月15日，习近平总书记在中央国家安全委员会第一次会议上提出总体国家安全观，强调构建集政治安全、国土安全、军事安全、经济安全、文化安全、社会安全、科技安全、信息安全、生态安全、资源安全、核安全等于一体的国家安全体系。

习近平主持召开中央国家安全委员会第一次会议并发表重要讲话

11　为什么说核安全与政治安全息息相关？

历史上发生的重大核事故，对事故发生国都产生了深远的政治影响。1979年，美国三哩岛核事故加剧了公众对核电安全的怀疑与担忧，对美国核能发展产生重大影响。1986 年苏联切尔诺贝利核事故和 2011 年日本福岛核事故均对本国政治安全产生重大影响。核安全问题处理是否及时适当，事关民心向背和政权安危，必须从国家政治安全的高度给予足够重视。

12 如何理解核安全对保障经济安全的重要作用？

　　一方面，核工业保持安全健康可持续发展，带来投资与消费，带动国内生产总值（GDP）增长并创造就业岗位；推动上下游关联产业结构优化，提高装备制造国产化、自主化水平，有效推动高端装备制造业高质量发展，对经济安全贡献大。另一方面，保障核安全，能够避免发生严重核事故带来的巨大经济损失，防止对经济安全造成冲击。

13 如何理解核安全对保障社会安全的重要作用?

　　我国正处于实现中华民族伟大复兴的关键阶段,社会安全与稳定呈现新特点。公众对涉核问题高度敏感,对核安全十分关注。涉核问题容易引发社会舆情,甚至引发群体性事件,因此确保核安全对提升公众信心、保障社会安全具有重要作用。

> ❯ 延伸阅读　**杞县卡源事件**
>
> 　　2009年6月7日,河南省杞县一家利用钴-60放射源灭菌消毒的辐照企业,违反操作规程,放射源被卡住,长时间辐照致使辣椒粉升温起火。火情得到及时控制,虽有消防水溢出,但无人员受到辐射伤害,无放射性物质污染环境。7月10日,有关杞县核泄漏的谣言在网络流传。7月17日,处理卡源故障的遥控探测装置现场作业失败,加剧了群众恐慌,甚至谣传辐照厂要发生爆炸,当地群众大规模逃离。经过当地政府及相关部门的宣传劝导,居

民陆续返回。8 月 24 日，卡源故障解除。

 延伸阅读　日本福岛核事故后抢盐风波

2011 年 3 月，日本福岛核事故后，"吃碘盐可以防辐射""核辐射污染海盐"等谣言四处传播，我国多个省份出现抢购碘盐行为。我国政府部门迅速响应，组织专家在中央电视台等权威媒体上说明食盐生产和供应有充分保障、吃碘盐不能预防放射性碘的摄入，并打击造谣惑众、扰乱市场等不法行为，呼吁广大消费者不信谣、不传谣、不抢购，迅速平息了抢盐风波。

14 如何理解核安全对保障生态安全的重要作用？

一方面，核电安全发展能够充分发挥其在污染物总量减排中的作用。2020 年，我国核能发电 3662 亿千瓦时，与燃煤电厂相比，相当于减少燃烧标准煤1亿余吨，减少排放二氧化碳2亿余吨、二氧化硫约90万吨、氮氧化物约80万吨。另一方面，核电厂建立多道实体安全屏障和多层次的安全保护系统，预防核事故发生，并在一旦发生事故时缓解其后果，从而减少核事故对生态系统的影响。

> **延伸阅读** 中国对碳减排作出庄严承诺

2020年9月22日，习近平主席在第七十五届联合国大会上提出，中国将提高国家自主贡献力度，采取更加有力的政策和措施，二氧化碳排放力争于2030年前达到峰值，努力争取2060年前实现碳中和。2020年12月12日，习近平主席在气候雄心峰会上强调，到2030年，中国单位国内生产总值二氧化碳排放将比2005年下降65%以上。核能作为低碳能源，将为中国政府履行该承诺作出重要贡献。

如何理解核安全对保障能源安全的重要作用？

　　核能的安全健康可持续发展有利于提高能源供给能力，有利于调整我国能源结构，降低对煤炭、天然气、原油的依存度。核电是稳定、可靠的能源，与可再生能源等清洁能源配合，可提高电网的稳定性。

> ❯ **相关知识**　核能的巨大能量从哪里来？
>
> 　　核能源自核裂变反应或核聚变反应。核裂变是指由质量大的原子核（主要是指铀核或钚核）分裂成两个或多个质量较小的原子核，释放出巨大能量，原子弹和现有核电厂的能量源于核裂变。核聚变是指由质量小的原子核（主要是指氘核、氚核），在超高温和高压条件下，原子核互相聚合，生成新的质量更大的原子核，并释放巨大能量的一种核反应形式，氢弹的能量源于核聚变。

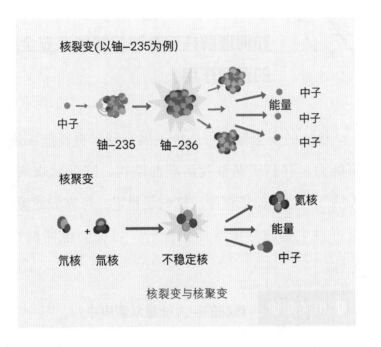

核裂变与核聚变

16 我国核安全工作的原则是什么?

核安全法明确,从事核事业必须遵循确保安全的方针。核安全工作必须坚持安全第一、预防为主、责任明确、严格管理、纵深防御、独立监管、全面保障的原则。

核事业安全发展有哪些重要贡献？

20世纪50年代中期，面对国家建设和发展需要，中国政府作出了开发利用核能的重大决定，中国核事业正式起步。近70年来，中国核事业从无到有、持续安全发展，形成了完备的核工业体系，为保障能源安全，保护生态环境，提高人民生活水平，促进经济社会高质量发展等方面作出了重要贡献。

> **❯ 延伸阅读** "两弹一星"精神
>
> 20世纪50年代，面对核威胁、核讹诈，党中央审时度势、高瞻远瞩，决定研制原子弹、导弹、人造地球卫星。在"两弹一星"研制过程中，广大科技工作者秉承"热爱祖国、无私奉献，自力更生、艰苦奋斗，大力协同、勇于登攀"的精神，克服重重困难和封锁，最终取得胜利。

我国奉行怎样的核政策和核战略？

我国始终奉行在任何时候和任何情况下都不首先使用核武器、无条件不对无核武器国家和无核武器区使用或威胁使用核武器的核政策，主张最终全面禁止和彻底销毁核武器，不会与任何国家进行核军备竞赛，始终把自身核力量维持在国家安全需要的最低水平。中国坚持自卫防御核战略，目的是遏制他国对中国使用或威胁使用核武器，确保国家战略安全。

我国第一颗原子弹是什么时候诞生的？

1964 年 10 月 16 日，巨大的蘑菇云在新疆罗布泊荒漠腾空而起，中国第一颗原子弹爆炸成功，"东方巨响"震惊了世界，有力打破了核垄断和核讹诈，提高了我国的国际地位。

1964 年 10 月 16 日，我国第一颗原子弹爆炸成功

❯ 延伸阅读 中国第一个核武器研制基地

中国原子城（二二一基地）始建于 1958 年，位于青海省海北藏族自治州西海镇，是中国第一个核武器研制基地。多年来，经过广大科研工作者的艰苦努力，基地诞生了我国第一颗原子弹和第一颗氢弹，成为中华民族一座不朽的丰碑。1995 年 5 月 15 日，新华社向全世界宣布"中国第一个核武器研制

基地已完全退役"。2005 年 11 月，中宣部命名中国原子城为全国爱国主义教育示范基地。

篇二 持续保持高水平的核安全

为防患于未然，中国全面采取了核安全保障举措。我们着力提高核安全技术水平，提高核安全应急能力，对全国核设施开展了全面安全检查，确保所有核材料和核设施得到有效安全保障。

——习近平 2014 年 3 月 24 日在荷兰海牙核安全峰会上的讲话

20 什么是核设施？

核安全法规定，核设施是指：核电厂、核热电厂、核供汽供热厂等核动力厂及装置；核动力厂以外的研究堆、实验堆、临界装置等其他反应堆；核燃料生产、加工、贮存和后处理设施等核燃料循环设施；放射性废物的处理、贮存、处置设施。

> ❯ **相关知识** 我国的民用核设施
>
> 截至 2020 年底，我国运行核电机组 49 台，数量居世界第三，在建核电机组 15 台，数量居世界第一；在役研究堆和临界装置 19 座，在建研究堆 1 座；核燃料循环设施 18 座，近地表放射性固体废物处置场 3 座。

台山核电厂——EPR（欧洲先进压水堆）全球首堆核电机组

21 全球核电现状如何？

国际原子能机构（IAEA）统计显示，截至 2019 年底，全球运行核电机组 442 台，在建机组 55 台。2019 年，全球核发电量总计为 25862 亿千瓦时，占全球总发电量的近 10%。

》 延伸阅读　全球核电国家发电比例

　　2019 年，核电国家中核能发电占总发电量高于 10% 的有 20 个，法国约为 71%，俄罗斯约为 20%，美国约为 20%，英国约为 16%。我国约为 5%。

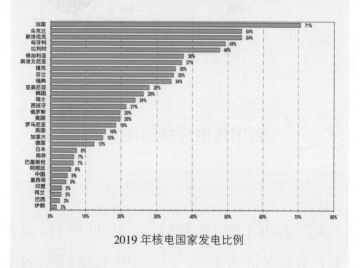

2019 年核电国家发电比例

》 相关知识　核电厂的发电原理

　　现有核电厂利用核裂变释放的热能代替化石燃料燃烧释放的热能，以反应堆为核心构成核蒸汽供应系统来代替火力发电的锅炉，产生的蒸汽经汽轮机推动发电机发电。

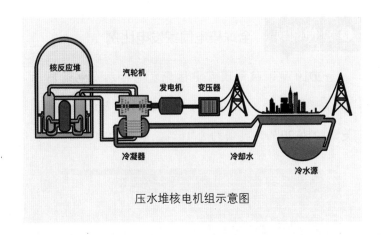

压水堆核电机组示意图

22 我国核电现状如何？

　　截至 2020 年底，我国核电运行机组 49 台，总额定装机容量 5068 万千瓦，2020 年核电发电量约占全国发电总量的 5%；在建核电机组 15 台，装机容量 1680 万千瓦。我国核电厂分布在辽宁、山东、江苏、浙江、福建、广东、广西、海南等 8 个沿海省份的 16 个核电厂址。

❯ 延伸阅读　高温气冷堆

高温气冷堆以石墨作慢化剂，采用氦气作冷却剂，固有安全性高。2020年11月3日，我国全球首座高温气冷堆核电示范工程双堆冷试完成，为加快高温气冷堆产业化奠定了坚实基础。

23　我国核技术利用事业发展状况如何？

我国是核技术利用大国，截至2020年底，核技术利用单位8万余家，生产、销售、使用放射性同位素的单位近1万家，在用放射源约14.9万枚，射线装置约20.5万台（套）。

❯ 相关知识　什么是核技术利用？

核技术利用，是指密封放射源、非密封放射源和射线装置在医疗、工业、农业、环境保护、地质调查、科学研究和教学等领域中的使用。例如，在医疗方面用于放射诊疗；在农业方面用于辐照育种、灭菌保鲜；在工业方面用于资源勘探、无损探伤、计量检测、材料改性；在环境保护方面用于污水治理等。

〉 延伸阅读 **核技术在抗击新冠肺炎疫情中的作用**

利用放射源或者射线装置产生高能电离辐射，杀灭细菌、病毒、微生物等，速度快、无污染、无化学

采用辐照灭菌处理技术，将防疫物资供应周期由"周"缩短至"秒"级

残留。在抗击新冠肺炎疫情期间，极大地缩短了口罩、防护服等医疗物资灭菌时间，为抗击新冠肺炎疫情取得胜利提供了强有力支持。

 我国核安全总体状况如何?

我国核安全总体状况良好。截至 2020 年底，我国核电机组安全稳定运行 407 堆年，未发生过国际核事件分级标准（INES）2 级及以上事件或事故，且机组平均 0 级偏差和 1 级异常事件发生率呈下降趋势。放射源事故年发生率从 20 世纪 90 年代的 6 起 / 万枚下降到现在的 1 起 / 万枚以下。全国辐射环境水平保持在天然本底水平，未发生放射性污染环境事件。

》延伸阅读 国际核事件分级标准

　　我国按照国际核事件分级标准（INES）对运行事件或者事故进行分级。考虑核事件对人和环境的影响、对设施放射性包容和控制的影响、对纵深防御能力的影响，将核事件分为七级，其中较低级别称为事件，分别为异常（1级）、一般事件（2级）、重要事件（3级）；较高级别称为事故，分别为影响范围有限的事故（4级）、影响范围较大的事故（5级）、重要事故（6级）和重大事故（7级）。对不具有安全意义的微小事件称为偏差，归为0级。

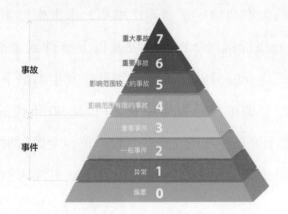

25 我国核电安全运行状况如何？

2020 年，全球 400 台核电机组参加世界核电运营者协会（WANO）核电运行指标评比，有 83 台核电机组综合指数满分，其中我国 47 台机组参评，28 台机组综合指数满分。近年我国核电机组 80％以上指标优于世界中值水平，70％以上指标达到世界先进值。

26 我国核技术利用安全状况如何？

我国对放射源实行从"摇篮"到"坟墓"的全寿期动态管理，将所有涉源单位纳入政府监管范围，建立国家核技术利用管理数据库，实施放射源安全提升行动，实现高风险移动源实时在线监控，提高核技术利用安全水平。目前放射源和射线装置 100% 纳入许可管理，废旧放射源 100% 安全收贮，放射源辐射事故年发生率持续降低。

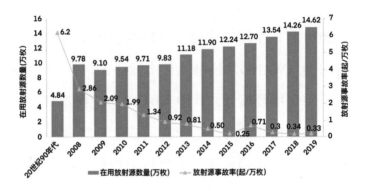

我国在用放射源数量及事故率变化趋势图

> ❯ 延伸阅读　我们身边的核技术

　　我们日常经常接触到的核技术利用项目主要是医院的 CT 机、X 光机等放射诊疗设备，各种室内场所布置的烟雾感应器，地铁、机场等公共场所使用的安检设备。

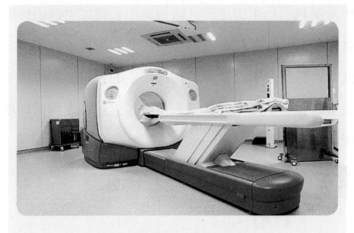

核技术在医学诊疗中广泛应用

27 我国放射性废物安全状况如何？

我国放射性废物安全状况良好。核电厂、研究堆和核燃料循环设施均配套建设放射性废气、废液和固体废物处理与贮存设施。已产生的放射性废物除送交处置外，其余均在贮存设施内安全暂存。核技术利用放射性废物集中收贮在各省份的城市放射性废物库和国家废放射源集中贮存库。铀（钍）矿和伴生放射性矿开发利用产生的尾矿（渣）属于天然放射性固体废物，铀（钍）矿尾矿（渣）均在铀矿冶场址内贮存或处置，伴生放射性矿开发利用产生的放射性固体废物大多贮存于厂区内。我国未发生过放射性废物向环境无序排放事故。

 相关知识 放射性废物主要来源

　　我国的放射性废物主要来自于核电厂、研究堆、核燃料循环设施和核技术利用、铀（钍）矿资源开发利用等活动。

28 我国辐射环境状况如何？

　　全国辐射环境监测结果表明，多年来我国辐射环境质量总体良好，环境电离辐射水平处于本底涨落范围内，环境电磁辐射水平低于国家规定的电磁环境控制限值，核设施与辐射设施周围环境电离辐射水平总体无明显变化。

> **相关知识**　**电离辐射与电磁辐射**

　　按照能量大小，辐射分为电离辐射和电磁辐射。拥有足够高能量、会直接或间接使物质的原子发生电离，这种辐射称为电离辐射；而能量较低的辐射称为电磁辐射。

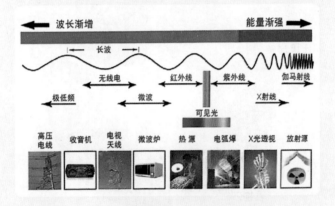

电离辐射与电磁辐射

> **相关知识**　**生活环境中无处不在的电离辐射**

　　生活环境中电离辐射无处不在，按其来源可分为天然辐射和人工辐射。联合国原子辐射影响科学委员会（UNSCEAR）报告指出，人体受到的辐射大约有80%来自天然环境，近20%来自医疗照射等人工活动。人体受到少量辐射一般不会有不适症状，也不会伤害身体。

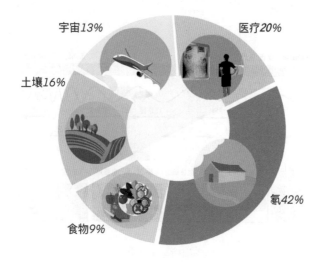

公众日常所受辐射来源比例

相关知识 **辐射照射对人体的效应**

人体受电离辐射照射后产生的效应按剂量—效应关系可分为组织反应（确定性效应）和随机性效应。组织反应是通常情况下存在剂量阈值的一种辐射效应，超过阈值时，剂量愈高则效应的严重程度愈大，比如急性辐射损伤，表现为恶心、呕吐及放射性皮肤红斑等症状。随机性效应是发生几率与剂量成正比而严重程度与剂量无关的辐射效应，比如诱发癌症及遗传效应等。

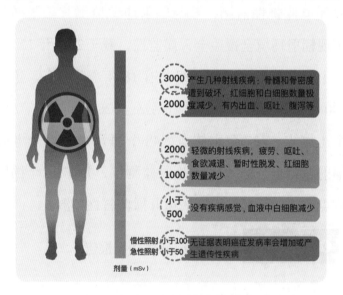

人体对不同照射剂量的反应

29 我国辐射环境监测能力如何？

　　我国已建立国家、省和市三级辐射环境监测体系，建成全国辐射环境质量监测、重点核设施周围辐射环境监督性监测、核与辐射应急监测"三张网"，实现辐射环境全覆盖全天候监控。截至2020年12月，国家级辐射环境监测网络共有1834个监测点，包括500个大气辐射环境自动监测站、328个陆地点、362个土壤点、477个水体点、48个海水点、85个电磁辐射监测点、34个海洋生物监测点，并在46个国家重点监管核与辐射设施周边开展监督性监测。

❯ 延伸阅读 全国辐射环境质量报告

　　我国每年发布全国辐射环境质量报告，以国家辐射环境监测网数据为基础，对全国辐射环境质量状况进行分析和总结。

30　我国核安全法规体系是什么样的？

我国核安全法规体系分为五个层级。第一层为国家法律，包括《中华人民共和国核安全法》和《中华人民共和国放射性污染防治法》；第二层为国务院行政法规，主要包括《中华人民共和国民用核设施安全监督管理条例》等9部；第三层为国务院各有关部门发布的部门规章；第四层为指导性文件；第五层为参考性文件。

我国核安全法规体系层级示意图

31 我国核安全法规主要有哪些系列？

我国核安全法规按其所覆盖的技术领域分为十大系列，分别为通用系列、核电厂系列、研究堆系列、非堆核燃料循环设施系列、放射性废物管理系列、核材料管制系列、民用核安全设备系列、放射性物品运输管理系列、放射性同位素和射线装置系列、辐射环境系列。

32 核安全法的目的和主要内容是什么？

为了保障核安全，预防与应对核事故，安全利用核能，保护公众和从业人员的安全与健康，保护生态环境，促进经济社会可持续发展，制定核安全法。

核安全法主要包括总则、核设施安全、核材料和放射性废物安全、核事故应急、信息公开和公众参与、监督检查、法律责任、附则等内容。

33 放射性污染防治法的目的和主要内容是什么？

为了防治放射性污染，保护环境，保障人体健康，促进核能、核技术的开发与和平利用，制定放射性污染防治法。

放射性污染防治法主要对放射性污染防治的监督管理、核设施的放射性污染防治、核技术利用的放射性污染防治、铀（钍）矿和伴生放射性矿开发利用的放射性污染防治、放射性废物管理和法律责任等作出规定。

34 我国核能发展经历了哪些阶段?

　　1955 年，我国确立大力发展原子能事业的方针。1970 年，开始推进核电厂建设。1983 年，国务院核电领导小组成立，提出建设核电安全监管机构的建议。1986 年，国家"七五"计划明确"有重点、有步骤地建设核电站"。2000 年以后，我国核电政策由"适度发展"转变为"积极推进"。2011 年，日本福岛核事故后，明确"在确保安全的基础上高效发展核电"。2016 年，明确"以沿海核电带为重点，安全建设自主核电示范工程和项目"。2021 年，明确"在确保安全的前提下积极有序发展核电"。

35 核安全规划的主要内容是什么?

　　制定国家核安全规划是落实核安全观的有效途径，是核安全法的明确要求。核安全规划分析核安全现状与形势，阐明规划期内核安全工作的指导思想和基本原则，明确核安全目标指标、重点任务、重点工程、保障措施，是统领各项核安全工作的总纲。

> **❯ 延伸阅读**　"十三五"核安全规划
>
> 　　《核安全与放射性污染防治"十三五"规划及2025年远景目标》于2017年3月发布实施，明确了6项目标、10项重点任务、6项重点工程和8项保障措施。"十三五"终期评估结果表明，我国完成了规划各项任务，核安全水平持续提高。

《核安全与放射性污染防治"十三五"规划及2025年远景目标》发布实施

36 我国核安全相关的政府部门主要有哪些？

我国与核安全相关的政府部门包括国务院核安全监督管理部门、核工业主管部门、能源主管部门和其他有关部门。核安全监督管理部门负责核安全和辐射安全监督管理，核工业主管部门负责核工业行业管理，能源主管部门负责核电管理等。其他有关部门包括公安、自然资源、交通、商务、卫生健康、海关等部门。

37 我国核安全监管组织体系是什么样的？

我国实行核安全、辐射安全和辐射环境管理的统一独立监管，建立了总部机关、地区监督站、技术支持单位"三位一体"的核安全监管组织体系。设立国家核安全局，统筹全国民用核安全监督管理。设置华北、华东、华南、西南、西北、东北6个地区监督站，作为国家核安全局派出机构，实施区域核安全监督检查。设立核与辐射安全中心、辐射环境监测技术中心等专业技术机构，为国家核安全局提供全方位技术支持。各级地方政府结合实际设立监管机构或配备专兼职监管人员，开展本地区辐射安全监管。

> ❯ **相关知识**　**核安全精神**

　　我国核安全工作奉行"核安全事业高于一切，核安全责任重于泰山，严慎细实规范监管，团结协作不断进取"的核安全精神，秉持"独立、公开、法治、理性、有效"的监管理念。

38　国家核安全专家委员会的作用是什么？

　　根据核安全法规定，国务院核安全监督管理部门成立核安全专家委员会，为核安全决策提供咨询意见。制定核安全规划和标准，进行核设施重大安全问题技术决策，应当咨询核安全专家委员会的意见。

核安全监管方式有哪些？

我国对核设施、核材料、核活动以及放射性物质实施全链条、全生命周期、分阶段审评许可，对核设施和从事核活动的单位开展全过程监督执法，对辐射环境开展全天候监测。

核设施的安全许可证有哪些？

我国建立核设施安全许可制度。核设施营运单位进行核设施选址、建造、运行、退役等活动，应当向国务院核安全监督管理部门申请许可。国务院核安全监督管理部门依法进行审评，并相应颁发场址选择审查意见书、建造许可证、运行许可证和退役批准书等许可证件。

什么是核电厂设计基准事故？

核电厂按确定的设计准则在设计中采取了针对性措施的那些事故工况，并且该事故中燃料的损坏和放射性物质的释放保持在管理限值以内。

如何理解核电厂的"纵深防御"原则？

纵深防御是指通过设定一系列递进并且独立的防护、缓解措施或者实物屏障，防止核事故发生，减轻核事故后果。

❯ 延伸阅读　压水堆核电厂的实体安全屏障

　　压水堆核电厂设置了四道实体安全屏障，依次为燃料芯块、燃料包壳、反应堆冷却剂系统压力边界、安全壳，即使前面的屏障失效，只要后续有一道屏障是完整的，就不会发生超过安全限值的放射性物质外泄。

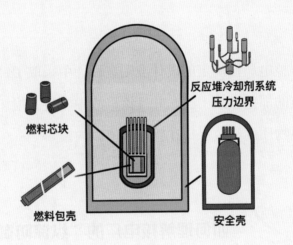

压水堆核电厂的实体安全屏障

43 如何理解核电厂设计中的多重性、多样性、独立性?

核电厂设计时采用多重性、多样性、独立性原则来保证安全系统功能的可靠性。多重性指为完成一项特定安全功能而采用多于最少套数的设备;多样性通过多重系统或部件中引入不同属性来提高可靠性;独立性通过功能隔离或实体分隔防止发生共因故障或共模故障。

44 我国核电厂选址有哪些考虑?

核电厂选址需要考虑区域能源需求、安全可靠性、环境相容性和经济合理性等综合因素,包括地震地质、气象、水文、危险源、交通、人口以及拟建核电厂对生态系统所产生的影响。具体来说,需满足稳定的地

核电厂选址考虑

震地质结构、适宜的气象环境、适合的水文条件、与危险源保持安全距离、远离人口聚集中心等基本条件。

 如何确保核电工程建设质量？

核电工程建设质量是安全运行的重要保障。确保工程质量，一是建立完善的质量保证体系，并有效运行。二是落实核电工程质量责任制，核电厂控股企业集团、核电厂营运单位、核电工程总承包单位、设计单位、设备制造单位、施工单位、监理单位等按照各自职责对所承担的核电工程质量负有终身责任。三是加强核电工程建设过程质量管理，做好工程评估和风险管理，规范核电建设市场行为，强化质量保证工作独立性和权威性，建立质量抽检复查制度，加强特殊工艺过程和关键岗位人员管理，严格质量记录管理。四是加强核安全文化建设，发挥现代信息化技术在核电建设管理中的作用。

46 我国核电厂有哪些防范恐怖袭击的措施？

我国现有核电厂已考虑防范恐怖袭击。核电厂选址时要求排除有燃烧、爆炸等风险的地域；设计、建造过程中采取大量防止事故发生及缓解事故后果的安全措施，充分考虑了防范外部、内部事件破坏的可能性；设置多重屏障，实施分区管理，严格安全保卫，分别由武警、电厂保卫部门和保安负责，防止恐怖分子入侵。

我国核电厂在设计时考虑哪些灾害？

核电厂设计始终把安全放在第一位，考虑了核电厂选址当地历史上曾经出现的最严重地震、海啸、热带风暴、洪水、台风等自然灾害。同时，核电厂设计还考虑了厂区附近的堤坝坍塌、飞机坠毁、交通事故和化工厂事故等灾害。

核电厂设计时考虑的灾害

为什么说"华龙一号"是我国的 "国家名片"？

"华龙一号"是在我国 30 余年核电科研、设计、制造、建设和运行经验的基础上，根据日本福岛核事故经验反馈以及中国和全球最新安全要求，研发的先进百万千瓦级压水堆核电技术，具有完全自主知识产权的压水堆核电创新成果，是中国核电走向世界的"国家名片"。

2021 年 1 月 30 日，"华龙一号"全球首堆福清核电 5 号机组投入商业运行

《创新中国》："华龙一号"篇

 我国核燃料循环设施是如何分类安全管理的？

　　核燃料循环设施根据放射性物质总量、形态和潜在事故风险或后果进行分类。按照合理、简化方法，核燃料循环设施分为四类。一类是具有潜在厂外显著辐射风险或后果的设施；二类是具有潜在厂内显著辐射风险或后果，并具有高度临界危害的设施；三类是具有潜在厂内显著辐射风险或后果，或具有临界危害的设施；四类是仅具有厂房内辐射风险或后果，或具有常规工业风险的设施。

50 核电厂乏燃料管理策略是什么？

国际上对乏燃料的管理通常有两种策略：一种是将乏燃料作为废物直接处置；另一种是将乏燃料作为资源进行后处理，回收其中有用的铀、钚等材料，制成核燃料再使用，相关的废物再进行处理处置。各核电国家按照自身政策选择处理策略。

❯ 相关知识　什么是乏燃料

乏燃料是指在核反应堆内使用（辐照）达到计划的卸料比燃耗后，从堆内卸出的、不再在原核反应堆中使用的核燃料。乏燃料中包含有大量的放射性核素，具有强放射性，释放余热，需妥善存储、处理、处置，避免影响环境与人体健康。

51 放射性废物如何处置？

　　我国推行放射性废物分类处置，根据放射性风险将低中水平放射性废物在符合核安全要求的场所实行近地表或中等深度处置，高水平放射性废物实行集中深地质处置。

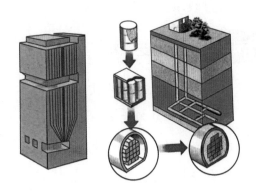

放射性废物地下处置示意图

我国放射性废物处理贮存设施有哪些？

截至 2020 年底，核电厂配套废物处理和贮存设施 71 个，研究堆配套废物处理和贮存设施 11 个，核燃料循环设施配套废物处理和贮存设施 14 个。此外，建成城市放射性废物库 31 个、国家废放射源集中贮存库 1 个、低放射性水平废物集中贮存库 1 个和低放射性水平废物处置场 3 座。

 放射性废物处置场关闭后如何管理？

放射性废物处置设施关闭后，放射性废物处置单位按照经批准的安全监护计划进行安全监护；经国务院核安全监督管理部门会同国务院有关部门批准后，将其交由省、自治区、直辖市人民政府进行监护管理。

54 我国如何实施核材料管制?

我国按照严格标准对核材料实施管制,国务院核安全监督管理部门负责民用核材料的安全监督,核工业主管部门负责管理全国核材料。核设施营运单位和其他有关单位持有核材料,应当依法取得许可,采取措施防止核材料被盗、破坏、丢失、非法转让和使用,保障核材料的安全与合法利用,确保"一件不丢,一克不少"。

❯ 相关知识 "黄饼"

采用化学方法将铀矿石处理为含铀溶液,进一步浓缩后,用氨水或氢氧化钠沉淀生成重铀酸铵或重铀酸钠产品,常加工成饼状,因其颜色为土黄色,俗称"黄饼"。

55 我国如何实施核安全设备监管?

核安全设备,是指在核设施中使用的执行核安全功能的设备。国务院核安全监督管理部门通过行政许可、注册登记、监督检查、安全检验以及行政执法等方式,对民用核安全设备设计、制造、安装和无损检验活动实施全过程监管。

56 我国对核安全相关特种工艺人员如何监管?

国务院核安全监督管理部门依据核安全法,对核设施操作人员、核安全设备焊接人员、无损检验人员等特种工艺人员进行资格管理,开展考核并颁发资格证书。

**我国如何开展放射性同位素和
射线装置安全监管?**

　　国务院生态环境主管部门依法对全国放射性同位素、射线装置的安全和防护实施统一监督管理。国务院公安、卫生健康等部门按照职责分工，对有关放射性同位素、射线装置的安全和防护工作实施监督管理。县级以上地方人民政府生态环境主管部门和其他有关部门，按照职责分工，对本行政区域内放射性同位素、射线装置的安全和防护工作实施监督管理。我国对放射性同位素和射线装置生产、销售和使用单位实施分级辐射安全许可管理；对放射源和射线装置实行分类管理。

> **❯ 延伸阅读　放射源和射线装置的分类**
>
> 　　我国根据放射源、射线装置对人体健康和环境的潜在危害程度从高到低，将放射源分为Ⅰ类、Ⅱ类、Ⅲ类、Ⅳ类、Ⅴ类，实行编码管理；将射线装置分为Ⅰ类、Ⅱ类、Ⅲ类。

我国如何开展放射性物品运输安全管理？

国务院核安全监督管理部门对放射性物品运输的核与辐射安全实施监督管理。国务院公安、交通运输、铁路、民航以及县级以上地方人民政府生态环境主管部门和公安、交通运输等有关主管部门，在各自职责内，依法负责放射性物品运输安全的有关监督管理工作。

放射性物品托运人应当在运输中采取有效的辐射防护和安全保卫措施，对运输中的核安全负责。承运人应依法取得国家规定的运输资质。

 我国如何管理铀矿冶和伴生放射性矿的辐射环境？

我国对于铀（钍）矿和伴生放射性矿开发利用

单位，采取环境影响评价制度和"三同时"制度来进行管理，要求进行环境影响评价，放射性污染防治设施与主体工程同时设计、同时施工、同时投入使用。开发利用单位对流出物和周围的环境实施监测，对产生的放射性废物进行贮存、处置。开发利用或者关闭铀（钍）矿、开发利用伴生放射性矿的单位，应当在申请领取采矿许可证前或办理退役审批手续前编制环境影响报告书，报生态环境保护行政主管部门审查批准。铀（钍）矿开发利用单位应当制定铀（钍）矿退役计划。

在广西壮族自治区发现的新中国第一块铀矿石

我国铀矿冶和伴生放射性矿的辐射环境如何？

我国对铀矿冶和伴生放射性矿的辐射环境监测结果表明，铀矿冶设施周围辐射环境质量总体稳定，环境 γ 辐射水平、空气和地表水中放射性核素活度浓度与周边环境基本处于同一水平，饮用水中总放射性活度浓度低于国家规定的限值（指导值）。

> ❯ **延伸阅读** 第二次全国污染源普查

2020 年 6 月 8 日发布的《第二次全国污染源普查公报》显示，伴生放射性矿普查对象主要为可能伴生天然放射性核素的 15 个类别矿产采选、冶炼和加工产业活动单位，对全国 2.97 万家企业检测筛查，确定伴生放射性矿开发利用企业共 464 家，主要分布在湖南、广东、广西、江西、云南、贵州、内蒙古等省份，以锆石和氧化锆、稀土等矿产为主。

国家核与辐射安全监管技术研发基地具备哪些能力？

2019 年 5 月 9 日，国家核与辐射安全监管技术研发基地正式启用。基地以科研实验、交流培训、综合办公三大板块为整体布局，以六大实验室、四项共用设施等为重点建设项目，兼备法规标准研究、审评验证、应急响应、监测及监督五大能力，成为国内核与辐射安全监管技术支持能力集聚地。

核安保示范中心具备哪些能力？

2016 年 3 月 18 日，中美共同建设的核安保示范中心投入运行，建有核材料分析实验室、核安保系统和设备测试环境实验室、核安保培训设施与室外测试场、模拟核材料库、核材料衡算与控制综合培训设施、响应力量训练及演练设施，具备先进的核材料分析测试和核安保设备测试评估能力，具有开展核安保技术研究的条件。

63 我国如何开展核安全保卫？

核安全保卫，简称核安保，主要是指通过有效的组织与管理，预防和应对涉及核材料、其他放射性物质、相关设施和活动的擅自接触、未经授权转移、盗窃、蓄意破坏或其他恶意行为，以保障核设施的安全运行和核材料的合法使用。主要措施包括：（1）依据批准的设计基准威胁，实施相应的保护措施；（2）对实物保护系统设备进行定期试验和检查；（3）制定实施相关空域、海域（水下）等管控措施；（4）对核燃料、乏燃料运输制定安全保卫方案。

64 我国核事故应急状态如何划分？

根据核事故性质、严重程度及辐射后果影响范围，我国核应急状态分为应急待命、厂房应急、场区应急、场外应急，分别对应Ⅳ级响应、Ⅲ级响应、Ⅱ级响应、Ⅰ级响应。前三级响应，主要针对场区范围内的应急状态组织实施。出现或可能出现向环境释放大量放射性物质，事故后果超越场区边界并可能严重危及公众健康和环境安全时，进入场外应急，启动Ⅰ级响应。

应急状态与响应等级

应急状态	响应等级	辐射影响
应急待命	Ⅳ级响应	出现可能危及核设施安全的某些特定工况或外部事件，核设施安全水平处于不确定或可能有明显降低。
厂房应急	Ⅲ级响应	事故后果影响范围仅限于核设施场区局部区域。
场区应急	Ⅱ级响应	事故后果影响扩大到整个场址区域内。
场外应急	Ⅰ级响应	事故后果超越场区边界，可能严重危及公众健康和环境安全。

65 我国核电厂核事故应急计划区如何划分？

核电厂核事故应急计划区，是指在核电厂周围建立的制定有核事故应急计划并预计采取核事故应急对策和应急防护措施的区域，通常划分为烟羽应急计划区和食入应急计划区。烟羽应急计划区针对烟羽照射途径（烟羽浸没外照射、吸入内照射和地面沉积外照射）建立，区域范围一般以反应堆为中心、半径7—10公里范围内确定。食入应急计划区针对食入照射途径（食入被污染食品和水的内照射）建立，区域范围在应急响应时根据实际监测与取样分析结果来确定。压水堆核电厂，食入应急计划区一般以反应堆为中心，在半径30—50公里内确定。应急计划区的实际边界位置的确定，除考虑辐射后果外，还应考虑核电厂周围的具体环境特征、社会经济状况和公众心理等因素，最终划定的应急计划区边界不一定是圆形。

我国核事故应急组织体系是什么样的？

我国高度重视核应急工作，加强全国核应急预案体系、核应急法制、核应急管理体制、核应急机制等建设。实行国家、省（自治区、直辖市）、核设施营运单位三级核应急组织管理体系。国家核事故应急协

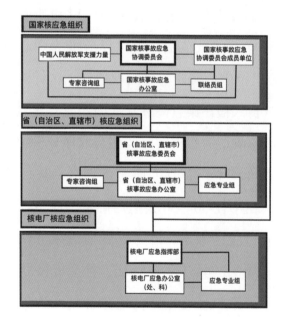

我国核事故应急组织体系示意图

调委员会负责组织协调全国核事故应急准备和应急处置工作。

> ◆ **相关知识**　**核事故应急演习**

　　核事故应急演习是通过模拟应急响应行动，检验应急组织整体响应能力保持的重要手段。按演习涉及范围，应急演习通常分为单项演习（练习）、综合演习和联合演习三个类型。核安全法规定，核设施营运单位应当按照应急预案，配备应急设备，开展应急工作人员的培训和演练，做好应急准备。核设施所在地省、自治区、直辖市人民政府指定的部门，应当开展核事故应急知识普及活动，按照应急预案组织有关企业、事业单位和社区开展核事故应急演练。

> ◆ **延伸阅读**　**中日韩联合核事故应急演习**

　　在中日韩核安全监管高官会机制下，2016年11月22日，大亚湾核电基地举行了第三次三方联合核事故应急演习，邀请日韩核安全监管当局代表作为观察员参加。演习模拟岭澳1号机组全厂断电叠加反应堆冷却剂系统大破口，进入严重事故管理工况，以及道路边坡垮塌抢险处突、海上溢油事件处置。通过应急演练，检验了核电厂应急预案的有效性和实用性，促进了中日韩三国在核应急方面的信息交流和共享。

 ## 我国辐射事故是如何分级的？

根据辐射事故的性质、严重程度、可控性和影响范围等因素，辐射事故从重到轻分为特别重大辐射事故、重大辐射事故、较大辐射事故和一般辐射事故四个等级。

辐射事故分级表

等级	划分标准
特别重大辐射事故（I级）	符合下列条件之一： 发生 I 类、II 类放射源丢失、被盗、失控，且造成大范围严重辐射污染后果； 发生放射性同位素和射线装置失控，导致 3 人以上（含 3 人）急性死亡。
重大辐射事故（II级）	符合下列条件之一： 发生 I 类、II 类放射源丢失、被盗、失控； 发生放射性同位素和射线装置失控，导致 2 人以下（含 2 人）急性死亡； 发生 10 人以上（含 10 人）急性重度放射病、局部器官残疾。
较大辐射事故（III级）	符合下列条件之一： 发生 III 类放射源丢失、被盗、失控； 发生放射性同位素和射线装置失控，导致 9 人以下（含 9 人）急性重度放射病、局部器官残疾。
一般辐射事故（IV级）	符合下列条件之一： 发生 IV 类、V 类放射源丢失、被盗、失控； 发生放射性同位素和射线装置失控，导致人员受到超过年剂量限值的照射。

我国如何开展辐射事故应急？

　　我国辐射事故应急管理坚持"以人为本、预防为主，统一领导、分类管理，属地为主、分级响应，专兼结合、充分利用现有资源"的原则。县级以上人民政府负责编制辐射事故应急预案，生态环境主管部门会同公安、卫生健康等部门在政府的指挥下，按照预案，开展应急响应、事故处理及原因调查。国务院生态环境部门指导和协调重大辐射事故、特别重大辐射事故的应对工作，并协调跨省区域辐射事故的处理。生产、销售、使用放射性同位素和射线装置的单位，制定本单位的应急方案，做好应急准备，采取应急措施，救治可能受到辐射人员，缓解和控制事故后果，保护环境。

南京发生的"铱-192"放射源丢失事件

我国对核损害赔偿是怎样规定的?

核安全法规定,因核事故造成他人人身伤亡、财产损失或者环境损害的,核设施营运单位应当按照国家核损害责任制度承担赔偿责任,但能够证明损害是因战争、武装冲突、暴乱等情形造成的除外。为核设施营运单位提供设备、工程以及服务等的单位不承担核损害赔偿责任。核设施营运单位与其有约定的,在承担赔偿责任后,可以按照约定追偿。核设施营运单位应当通过投保责任保险、参加互助机制等方式,作出适当的财务保证安排,确保能够及时、有效履行核损害赔偿责任。

美国三哩岛核事故的起因与后果如何?

1979 年 3 月 28 日，美国三哩岛核电厂 2 号机组因工作人员操作失误，最终导致堆芯严重损坏，按照国际核事件分级标准被定为 5 级核事故。这次事故中，由于反应堆主要安全设施自动投入运行以及安全壳的包容作用，使得释放到环境中的放射性物质极少，无人员伤亡，有 3 名工作人员受到了略高于年剂量限值一半的剂量照射，没有可察觉的对公众的放射性影响。核电厂周围 80 公里以内公众最大个人剂量小于 1mSv（毫希沃特），约为天然本底的 1/3。

> **延伸阅读** 三哩岛核事故教训及核安全改进措施

三哩岛核事故后，国际核能界认真反思，认为事故源于设计缺陷、人员培训及技能不足，世界各核电国家均实施了安全改进，主要集中在如何消除设计缺陷、减少人因失误等，所采取的主要措施包括：改进主控室人机接口，开发新型事故处理规程，加强操作员培训，加强经验反馈工作等。

❯ 相关知识 **核电厂的两个"千分之一"安全目标**

三哩岛核事故后，美国核管理委员会提出了核电安全的两个"千分之一"目标：一是对核电厂近区域个体，因核事故导致立即死亡的风险，不应超过全社会成员因其他事故导致同类风险总和的千分之一；二是对核电厂周边地区个体，因核电运行所导致的癌症死亡风险，不应超过其他原因导致癌症死亡风险总和的千分之一。

苏联切尔诺贝利核事故的起因与后果如何?

　　1986 年 4 月 26 日，切尔诺贝利核电厂 4 号机组堆芯超瞬发临界，堆芯熔化，厂房发生爆炸，是历史上发生的第一次国际核事件分级标准中的最高级别 7 级核事故。事故主要源于反应堆设计缺陷和人因失误。事故对环境和公众健康造成重大影响，并给苏联造成巨大经济损失。切尔诺贝利核事故后，国际原子能机构明确提出，要加强核安全文化建设。国际核能界成立世界核电运营者协会，加强行业间的经验反馈工作。

切尔诺贝利核事故发生30周年

72 日本福岛核事故的起因与后果如何？

2011年3月11日，日本东北部海域发生9级地震，引发超过福岛第一核电厂设防标准的海啸，导致日本福岛第一核电厂外部电力丧失、大部分备用柴油发电机损毁，造成厂址内1、2、3号机组堆芯熔化，随后发生氢气爆炸，放射性物质大量释放，是历史上发生的第二次国际核事件分级标准中的最高级别7级核事故。此次事故引起事发区域范围内放射性物质浓度升高，约30万居民撤离。

> ❯ 延伸阅读 **日本福岛核事故教训及核安全改进措施**
>
> 日本福岛核事故警示人们要预防极端自然灾害对核电厂安全的影响，促进核电国家进一步加强核安全风险防范。日本福岛核事故后，我国政府迅速采取行动，对中国大陆运行和在建核电厂进行综

合安全检查。针对检查中发现的问题，结合福岛核事故的教训和核电厂安全水平的提升空间，我国政府从安全改进的重要性、措施的可行性出发，对核设施提出改进要求。目前，相关改进工作已完成。

73 如何应对核恐怖袭击？

根据国家安全形势，结合核材料与核设施的安保类别，在评估潜在威胁的基础上，制定设计基准威胁，采用技术和管理手段防范化解涉核恐怖威胁，积极参与国际防扩散和涉核反恐合作。

❯ 延伸阅读 **格鲁吉亚破获严重核原料走私案**

2007年1月，格鲁吉亚内政部长瓦诺·梅拉比什维利披露，2006年夏天格政府无意中发现了一个核原料走私网络，交易当场逮捕 1 名走私犯，并抓获 3 名同党。缴获的原料经检测后证实为高浓缩铀。专家指出，这可能是近年来最严重的核原料走私案，尽管没有证据显示此案与恐怖主义有关，但也有理由担心恐怖分子可能从黑市上获得核原料。

◗ 相关知识　"脏弹"

"脏弹"是指，将常规炸药和放射性物质相结合的爆炸装置，不是真正的核武器，它的爆炸不是核爆炸，但有可能将放射性物质散布到有限范围内，进而引发公众恐慌和社会混乱。

我国核领域防扩散和出口管制法律法规有哪些？

我国核领域防扩散和出口管制法律法规主要包括

《中华人民共和国出口管制法》《中华人民共和国核材料管制条例》《中华人民共和国核出口管制条例》《中华人民共和国核两用品及相关技术出口管制条例》及管制清单等。

> **相关知识** 什么是核出口、核两用品及相关技术出口

核出口是指,《核出口管制清单》所列的核材料、核设备和反应堆用非核材料等物项及其相关技术的贸易性出口以及对外赠送、展览、科技合作和援助等方式进行的转移。

核两用品及相关技术出口是指,《核两用品及相关技术出口管制清单》所列的设备、材料、软件和相关技术的贸易性出口以及对外赠送、展览、科技合作、援助、服务和以其他方式进行的转移。

篇三

营造维护核安全的良好氛围

作为构建公平、合作、共赢的国际核安全体系的重要倡导者、推动者和参与者，中国在做好自身核安全的同时，认真履行核安全国际义务，大力推动核安全双多边合作，积极促进核能和平利用造福全人类，为全球核安全治理贡献了中国智慧、中国力量。

——2019 年 9 月 3 日发布的《中国的核安全》白皮书

75 营造共同维护核安全的良好氛围有哪些考虑？

　　我国坚持不懈加强核安全文化建设，建立中央督导、地方主导、企业作为、公众参与的核安全公众沟通机制，规范和引导从业人员的思想行为，发动社会公众广泛参与，营造人人有责、人人参与、全行业全社会共同维护核安全的良好氛围。

76 什么是核安全文化？

　　核安全文化是指各有关组织和个人以"安全第一"为根本方针，以维护公众健康和环境安全为最终目标，达成共识并付诸实践的价值观、行为准则和特性的总和。

77 核安全文化的基本特征是什么？

我国发布的《核安全文化政策声明》指出，核安全文化的基本特征共八项，包括决策层的安全观和承诺，管理层的态度和表率，全员的参与和责任意识，培育学习型组织，构建全面有效的管理体系，营造适宜的工作环境，建立对安全问题的质疑、报告和经验反馈机制，创建和谐的公共关系。

78 如何培育核安全文化？

核安全文化的培育是一个长期过程，应持续推进。核安全文化需要内化于心、外化于行，让安全高于一切的核安全理念成为全社会的自觉行动；建立一套以安全和质量保证为核心的管理体系，健全规章制度并认真贯彻落实；加强队伍建设，完善人才培养和激励机制，形成安全意识良好、工作作风严谨、技术能力过硬的人才队伍。

> **延伸阅读** 核安全法对培育核安全文化的相关要求
>
> 核安全法规定，国家制定核安全政策，加强核安全文化建设。国务院核安全监督管理部门、核工业主管部门和能源主管部门应当建立培育核安全文化的机制。核设施营运单位和为其提供设备、工程以及服务等的单位应当积极培育和建设核安全文化，将核安全文化融入生产、经营、科研和管理的各个环节。

79 我国主要的涉核社团组织有哪些？

我国主要的涉核社团组织有中国核学会、中国辐射防护学会等全国性专业学术团体，中国核能行业协会、中国同位素与辐射行业协会、中国核工业勘察设计协会、中国核仪器行业协会等全国性社会团体，中国环境文化促进会、中国电力发展促进会、中国环境科学学会、中国电力设备管理协会等涵盖核能专业领域的全国性社会团体。

80 涉核社团组织在核安全方面主要发挥哪些作用？

涉核社团组织发挥桥梁纽带作用，开展同行评估、学术交流、技术咨询、行业培训、科学普及等业务，促进政府与企业、企业与企业、国内与国际之间的沟通交流；发挥科研引擎作用，推动先进核科学技术推广、重大课题研究、科技奖励及成果鉴定等工作。

公众电离辐射剂量限值是多少？

《电离辐射防护与辐射源安全基本标准》(GB18871-2002）规定，公众受到的最高平均年有效剂量不超过 1mSv，特殊情况下，如果 5 个连续年的年平均有效剂量不超过 1mSv，则某单一年份的有效剂量可提高到 5mSv；眼晶体的年当量剂量不超过 15mSv，皮肤的年当量剂量不超过 50mSv。

> ❯ 相关知识　**吸收剂量、当量剂量和有效剂量**
>
> 　　生物学效应发生的频度或强弱取决于单位质量的敏感组织或器官所吸收的电离辐射的全部能量，这个量称为吸收剂量，以戈瑞（Gy）或毫戈瑞（mGy）表示，1Gy=1000mGy。1 戈瑞等于 1 焦耳每千克（J/kg）。
>
> 　　人体某一组织或器官中的吸收剂量平均值与不同类型辐射的相对危害效应大小的辐射权重因数的乘积，称为当量剂量，以希沃特（Sv）或毫希沃特

（mSv）表示，1Sv=1000mSv。1希沃特等于1焦耳每千克（J/kg）。

在人体局部受到照射后，评估电离辐射的生物效应时，要考虑不同组织、不同器官的吸收剂量以及辐射类型等多种因素，对吸收剂量进行加权，加权器官剂之和称为有效剂量，其单位与当量剂量相同。

82 核电厂周围的居民安全吗？

核设施营运单位按要求在核电厂运行前进行辐射环境调查，掌握当地本底水平，运行后对辐射环境进行监测。国务院核安全监督管理部门通过对核电厂流出物和周围环境的监督性监测，监督核电厂运行对环境的影响。历史监测结果表明，辐射环境监测数据正常，核电厂流出物中的放射性年排放量远低于国家限值，不会对公众健康造成不良影响。

不同环境下个人所受辐射剂量

辐射来源	名称和条件	所受辐射剂量（mSv/年）	备注
宇宙射线	海平面	0.28	海拔高度每升高50米，每年增加0.01mSv
地壳辐射	白垩地带	0.30	
	沉积岩地带	0.50	
	花岗岩地带	1.20	
住宅建筑	木板房	0.01	假设每天有11个小时在室内
	砖房	0.01	
	花岗岩房	0.20	
核电厂	厂区	0.01—0.05	
	距厂1.5公里	0.007	
	距厂10公里	0.001	

83 辐照过的食品安全吗？

对食品进行辐照是利用电离辐射在食品中产生的辐射化学与辐射微生物学效应，达到抑制发芽、延迟或促进成熟、杀虫、灭菌和防腐等目的。辐照加工剂量受到严格控制，被辐照过的食品中不会有射线残留，也不会产生新的放射性物质。

84　医院里的射线装置对周围的人和环境有危害吗？

使用放射性同位素和射线装置进行放射诊疗的医疗卫生机构，应依法取得生态环境主管部门以及卫生健康主管部门的许可，具备专业技术人员，符合要求的场所、设施和设备，规章制度和防护措施等，保障医生、患者、公众和环境安全。在严格遵守各项制度并采取必要措施的情况下，不会对周围的人和环境产生不良影响。

85　个人如何做好辐射防护？

放射性对人体的照射分为外照射和内照射两种。外照射对个人所造成的剂量取决于照射的时间、与辐射源的距离和屏蔽的程度。外照射的防护措施有：

减少在辐射源附近的时间，增大自身和辐射源之间的距离，添置屏蔽物。内照射是放射性物质通过呼吸、食入、皮肤、伤口等途径进入人体，对人体形成持续的照射。放射性物质进入人体后，只有通过人体的生理排泄和放射性物质自然衰变逐步减少。因此，内照射的防护关键在于防止和减少放射性物质进入体内。

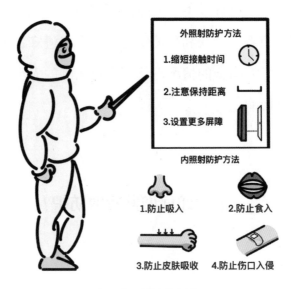

内、外照射防护方法

86 发生核事故时公众该如何科学应对？

当发生重大核事故时，政府将启动相应的应急程序，受到影响区域的公众要保持镇静，服从指挥，不听信流言。听到报警后，应立即进入室内，关闭门窗和所有通风系统。如在室外，应用手帕、口罩、软吸水纸制品（卫生纸、纸巾等）或其他物品捂住口鼻，减少进入体内的放射性微尘。如果收到应急组织发放的碘片，要遵照说明，按时、按量服用。不饮用露天

水源中的水，不食用事故发生地附近生产的蔬菜。如政府通知撤离，要携带最少的生活必需品，到指定地点集合。

87 我国开展了哪些核安全国际合作？

我国支持加强核安全的多边努力，支持国际原子能机构发挥关键作用，参与核不扩散多边机制和国际组织，深化打击核恐怖主义国际合作。加强国家间的核安全务实合作，与法国、美国、俄罗斯、日本、韩国等国家及巴基斯坦等"一带一路"核电新兴国家签订50余份核安全合作协议。加强在中日韩核安全监管高官会、亚洲核安全网络等框架下的区域核安全合作。积极吸收国际先进经验，提高我国核安全水平，同时为提高全球核安全水平提供更多公共产品，贡献中国力量。

88 我国加入的核安全领域国际公约有哪些？

我国批准了核安全领域所有国际法律文书，先后加入《及早通报核事故公约》《核事故或辐射紧急情况援助公约》《核材料实物保护公约》《不扩散核武器条约》《核安全公约》《制止核恐怖主义行为国际公约》《乏燃料管理安全和放射性废物管理安全联合公约》等国际公约。

89 《核安全公约》的目的是什么？

《核安全公约》的目的是，通过加强本国措施与国际合作，在世界范围内实现和维持高水平的核安全；采取有效防御措施，保证核设施安全，保护个人、社会和环境免受电离辐射的有害影响；防止发生

101

具有放射性后果的事故和一旦发生事故时减轻事故后果。

> **延伸阅读** 我国《核安全公约》履约情况

中国积极履行《核安全公约》。1996 年，经全国人大常委会批准，中国正式成为《核安全公约》最早缔约方之一。中国政府代表团参加了历次审议会议及两次特别会议。中国代表分别担任《核安全公约》缔约方第五次审议会议和第二次特别会议主席。

90 《维也纳核安全宣言》的意义是什么？

2015 年 2 月，《核安全公约》缔约方外交大会通过了《维也纳核安全宣言》。该宣言肯定了《核安全公约》各缔约方在福岛核事故后采取的核安全改进措施，要求通过国际合作进一步提高全球核安全水平；按照自愿和激励性原则，要求各缔约方新建核电厂满足宣言中提出的安全目标；鼓励各方充分参照国际原子能机构安全标准，有效履行《核安全公约》。

 ## 91 《核材料实物保护公约》的目的是什么？

《核材料实物保护公约》的目的是，建立和维护全球范围内民用核材料和核设施实物保护体系，预防和打击涉及核材料和核设施的犯罪行为，为缔约方实现上述目的提供合作便利。我国于 1989 年加入该公约。

92 《制止核恐怖主义行为国际公约》的目的是什么？

《制止核恐怖主义行为国际公约》要求缔约方采取必要的立法和其他措施，将核恐怖主义行为定为刑事犯罪，规定各缔约方应当开展引渡和刑事司法协助等合作，共同打击核恐怖主义犯罪，规定以收缴等方式获得的核材料与其他放射性材料、核设施或装置的保管、储存和归还等。我国于 2010 年加入该公约。

93 《不扩散核武器条约》的宗旨是什么？

《不扩散核武器条约》宗旨是，防止核武器扩散，推动核裁军，促进和平利用核能。该条约是国际核裁军与核不扩散体系的基石，是战后国际安全体系的重要组成部分。

> **相关知识** **合法拥有核武器的国家**

《不扩散核武器条约》规定，1967 年 1 月 1 日之前成功制造并爆炸过核武器和核装置的国家，是合法拥有核武器的国家。因此，中国、美国、俄罗斯、英国、法国是全球公认的五个核武器国家，统称"五核国"。我国于 1992 年加入该条约。

> **延伸阅读**　**我国在朝鲜半岛核问题上的**

　　政策立场

　　作为朝鲜半岛近邻，中国一贯主张通过对话协商，以和平方式实现半岛无核化，同时主张解决朝方在安全等方面的合理关切。为缓和形势，维护半岛和东北亚和平稳定，中方积极斡旋，做了大量劝和促谈工作，发挥了建设性作用。

> **延伸阅读**　**我国在伊朗核问题上的政策立场**

　　伊朗核问题全面协议是经联合国安理会核定认可的多边协定，应当得到全面、有效执行。这有利于中东和平稳定及国际核不扩散体系，对多边主义和联合国的权威也具有重要意义，符合国际社会的共同利益。中方将坚定致力于维护全面协议和安理会决议的权威性和有效性。

94 我国加入的涉核国际组织有哪些?

我国加入的涉核国际组织主要有国际原子能机构、联合国原子辐射影响科学委员会、核供应国集团等。

国际原子能机构（IAEA）成立于 1957 年，是联合国大家庭中的专业性组织，是核领域唯一的政府间国际组织，由世界各国政府在原子能领域进行科学技术合作、确保核安全、防止核武器扩散的机构。我国于 1984 年成为其成员国。

联合国原子辐射影响科学委员会（UNSCEAR）成立于 1955 年 12 月，是联合国框架内负责收集、评议、整理与整合电离辐射对人及环境影响的科学组织。我国于 1986 年成为其成员国。

核供应国集团（NSG）成立于 1975 年，是由拥有核供应能力的国家组成的多国出口控制机制，防止敏感技术和物项出口到未参加《不扩散核武器条约》

的国家。我国于 2004 年加入该机制。

> **延伸阅读**　**国际原子能机构简介**

国际原子能机构总部设在奥地利首都维也纳，宗旨是谋求加速和扩大原子能对全世界和平、健康及繁荣的贡献，确保由其本身提供或其监督的核设施、核技术、核活动不用于任何军事目的。机构设总干事 1 名，副总干事 6 名，设管理司、技术合作司、核安全与安保司、核能司、核科学技术司、核保障司 6 个职能司。

95 我国如何支持国际原子能机构发挥作用？

我国一贯支持国际原子能机构在核领域发挥关键作用，从政治、技术、资金等方面提供全方位支持，积极参与各项活动，加入所倡导的公约、宣言，持续向核安全基金和技术合作基金捐款。签署《中华人民共和国和国际原子能机构关于在中国实施保障的协定》

《中华人民共和国和国际原子能机构技术援助协定》《中华人民共和国国家核安全局与国际原子能机构之间有关核与辐射安全领域合作的实际安排》等多项协定，进一步加强合作。

96 国际上如何评价我国核安全监管水平？

我国曾三次邀请国际原子能机构来华开展核安全监管综合评估，在不同历史时期对提高我国核与辐射安全监管水平发挥了积极作用。2010年，评估提出了政府责任、全球核安全体系、监管机构职责、核安全许可、审评、监督、执法、应急等方面的"建议"和"希望"。经过6年的持续改进，2016年，跟踪评估认为，生态环境部（国家核安全局）是一个有效、可靠的核安全监管机构，中国核安全监管工作取得了显著进步。

> **延伸阅读** **什么是核安全监管综合评估？**

核安全监管综合评估是国际原子能机构最具影响力的国际同行评估活动之一，依据国际原子能机构安全标准，对成员国的核安全监管工作提供评估服务，提出改进建议，有效促进各国核安全监管体系的完善和监管能力的提高。

如何保证公众对核安全的知情权、参与权和监督权？

我国坚持核安全公开透明，推进核安全科普宣传、信息公开、公众参与，有效保障公众的知情权、参与权和监督权，不断增强全社会对核安全的信心。

98 哪些核安全信息必须公开?

核安全法规定,核设施营运单位应当公开本单位核安全管理制度和相关文件、核设施安全状况、流出物和周围环境辐射监测数据、年度核安全报告等信息。国务院核安全监督管理部门应当依法公开与核安全有关的行政许可,以及核安全有关活动的安全监督检查报告、总体安全状况、辐射环境质量和核事故等信息。

99 公众如何了解核安全相关信息？

公众可以通过访问核安全相关政府部门、核设施营运单位以及其所在地省、自治区、直辖市人民政府的官方网站和新媒体平台，参与相关的宣传活动，主动申请信息公开等方式，获取核安全相关信息。

100 公众在维护核安全方面有哪些权利和义务？

核安全法规定，任何单位和个人不得危害核设施、核材料安全。公民、法人和其他组织依法享有获取核安全信息的权利，受到核损害的，有依法获得赔偿的权利。公民、法人和其他组织有权对存在核安全隐患或者违反核安全法律、行政法规的行为，向国务院核安全监督管理部门或者其他有关部门举报。公民、法人和其他组织不得编造、散布核安全虚假信息。

 **公众参与核安全工作的途径有哪些?**

公众可以通过参加核安全相关政府部门、核设施营运单位以及其所在地省、自治区、直辖市人民政府就涉及公众利益的重大核安全事项举行的问卷调查、听证会、论证会、座谈会等，也可以通过举报核安全

国家核安全局官网	
	国家核安全局微信公众号
环保举报热线（12369）微信公众号	

隐患或者核安全违法行为等方式，履行监督权，切实参与到维护核安全的工作中来。

102 深入开展国家核安全宣传教育的有关要求是什么？

国家安全法规定，国家加强国家安全新闻宣传和舆论引导，通过多种形式开展国家安全宣传教育活动，将国家安全教育纳入国民教育体系和公务员教育培训体系，增强全民国家安全意识。每年4月15日为全民国家安全教育日。

核安全法规定，核设施营运单位应当在保证核设施安全的前提下，对公众有序开放核设施；与学校合作，开展对学生的核安全知识教育活动；建设核安全宣传场所，印制和发放核安全宣传材料。

放射性污染防治法规定，县级以上人民政府应当组织开展有针对性的放射性污染防治宣传教育，使公众了解放射性污染防治的有关情况和科学知识。

视 频 索 引

后 记

　　核安全是国家安全的重要组成部分，是核事业发展的生命线。党的十九届五中全会提出统筹发展和安全，强调加强核安全监管。以习近平同志为核心的党中央高度重视核安全，提出理性、协调、并进的核安全观，倡导构建核安全命运共同体，强调核安全是值得高度重视的国家安全问题。为深入贯彻核安全观，帮助广大干部群众科学理性认识、支持、维护国家核安全，中央有关部门组织编写了本书。

　　本书由生态环境部（国家核安全局）牵头编写，生态环境部核与辐射安全中心提供技术支持。孙金龙、黄润秋任本书主编，叶民、张建华任副主编，郭承站、邓戈、徐立勇、任洪岩、巢哲雄、高洪滨、李吉根任编委会成员。本书调研、写作和修改主要工作人员有：丁义行、王承智、王桂敏、王晓峰、史皓蒙、付陟玮、同舟、刘英伟、刘瑞桓、许少峰、李懿轩、邱国盛、余少青、张瀛、张庆华、张泽宇、张路怀、程天珩、鲁昕、戴文博（按姓氏笔画排序）。参加本书审读的人员有：赵永康、殷德健、邵明昶、程建秀、左跃。提出修改意见的人员有：刘权、刘冲、刘英、许振华、孙全富、李福华、杨波、张婧、张天宝、张家利、金显玺、赵斌、赵永明、荣健、柴国旱、唐亚平、曹亚丽、雷翠萍（按姓氏笔画排序）等。在此，一并表示衷心感谢。

本书不包括中国香港特别行政区、中国澳门特别行政区、台湾省相关情况。

书中如有疏漏和不足之处，还请广大读者提出宝贵意见。

编　者

2021 年 3 月

组稿编辑：张振明

责任编辑：刘敬文　段海宝　杨文霞　郭彦辰

视频编辑：池　溢

装帧设计：周方亚

责任校对：白　玥

图书在版编目（CIP）数据

国家核安全知识百问／《国家核安全知识百问》编写组著 . —

北京：人民出版社，2021.4

ISBN 978 - 7 - 01 - 023323 - 9

I.①国… II.①国… III.①核安全 - 中国 - 问题解答

IV.① TL7-44

中国版本图书馆 CIP 数据核字（2021）第 061499 号

国家核安全知识百问
GUOJIA HE ANQUAN ZHISHI BAIWEN

本书编写组

人民出版社 出版发行

（100706　北京市东城区隆福寺街 99 号）

北京尚唐印刷包装有限公司印刷　新华书店经销

2021 年 4 月第 1 版　2021 年 4 月北京第 1 次印刷

开本：880 毫米 ×1230 毫米 1/32　印张：4.25

字数：40 千字

ISBN 978 - 7 - 01 - 023323 - 9　定价：20.00 元

邮购地址 100706　北京市东城区隆福寺街 99 号

人民东方图书销售中心　电话（010）65250042　65289539